市民健康普及教育丛书

情绪管理科普100问

U0739104

主　编　阮列敏　季蕴辛　侯言彬

副主编　胡洁琼　杨璐　戴霓

编　者　柴莹　林晨　毛家鑫　朱爱珍　张立　胡昕昕　刘正来

ZHEJIANG UNIVERSITY PRESS
浙江大学出版社
·杭州·

图书在版编目（CIP）数据

情绪管理科普100问 ／ 阮列敏，季蕴辛，侯言彬主
编. — 杭州：浙江大学出版社，2023.3（2024.4重印）
ISBN 978-7-308-23426-9

Ⅰ.①情… Ⅱ.①阮… ②季… ③侯… Ⅲ.①情绪－
自我控制－问题解答 Ⅳ.①B842.6-44

中国版本图书馆CIP数据核字(2022)第245851号

情绪管理科普100问
QINGXU GUANLI KEPU 100 WEN
阮列敏　季蕴辛　侯言彬　主编

策划编辑	柯华杰
责任编辑	李　晨
责任校对	郑成业
封面设计	林智广告
插　　画	郭金鑫
稿件统筹	赵　钰
出版发行	浙江大学出版社
	（杭州市天目山路148号　　邮政编码　310007）
	（网址：http://www.zjupress.com）
排　　版	杭州林智广告有限公司
印　　刷	杭州捷派印务有限公司
开　　本	889mm×1194mm　1/32
印　　张	3.125
字　　数	46千
版 印 次	2023年3月第1版　2024年4月第2次印刷
书　　号	ISBN 978-7-308-23426-9
定　　价	25.00元

总 序

SERIES FOREWORD

  疾病，自古以来就是人类无法绕过的话题，它与人类相伴相随，一直影响着人类社会和人类文明。随着科技的飞速进步及社会的不断发展，人类在与疾病的斗争中不断取得胜利，人类对于自身的健康有了越来越多的主动权。特别是近年来，随着国民健康意识的不断提升，越来越多的人关注健康问题，追求"主动健康"。国家也在以前所未有的力度推进"健康中国"建设，倡导健康促进理念，深入实施"将健康融入所有政策"。2019 年 7 月，国务院启动"健康中国行动（2019—2030 年）"，部署了 15 个专项行动，其中第 1 项就是"健康知识普及行动"，这也凸显了国家对健康知识普及工作的重视。

  健康科普是医务工作者的责任，也是医务工作者的义务。人们常说，"医者，有时是治愈，常常是帮助，总是去安慰"。作为医生，我们在临床工作中，发现许多患者朋友有共同的问题或困惑，如果我们能够提前做好科普，答疑解惑，后续的治疗就能事半功倍。通过科普书籍传递健康知识，打破大众的医学认知壁垒,能为未病者带去安慰,增强健康知识储备;为已病者提供帮助,使其做一个知情的患者;给久病者以良方,助其与医生共同对付难缠的疾病。这就是编写本丛书的初衷,也是编写本丛书的目的。

都说医生难,其实大部分没有医学知识的普通民众更难。面对庞杂的医疗信息,面对各地不均衡的医疗水平,面对复杂的疾病,一方面要做自己健康的第一责任人,另一方面还要时刻关注家人的身心健康。我作为医生同时又是医院管理者,也一直在思考能为广大民众做点什么,以期既能够治愈来医院就诊的患者,又能为出于这样或那样的原因不能来医院面诊的患者解决问题。

这套科普丛书,就可以解决这个问题。它以医学知识普及为目的,从医生的专业角度,为患者梳理了常见疾病预防治疗的建议。丛书共 15 册,涵盖了情绪管理、居家护理、肥胖、睡眠、糖尿病、肾脏病、糖尿病肾脏病、口腔健康、呼吸系统疾病、骨质疏松、脑卒中、心脏病、高血压、女性卵巢保护、前列腺疾病 15 个主题。每册包含 100 个常见问题(个别分册包含 100 多个常见问题),全书以一问一答的形式,分享与疾病相关的健康知识。丛书的编者都拥有丰富的临床经验,是各科室和学科专业的骨干。丛书分享的知识点都是来源于一线医务工作者在疾病管理中的实践经验，针对性强。通过阅读，你可以快速而有针对性地找到自己关心的问题，并获得解决问题的办法，从而解除健康困扰。你也可以从别人的问题中受到些许启发，从而在守卫健康的过程中少走一些弯路，多做一些科学的、合理的选择，养成良好的健康生活方式。因此，特撰文以推荐，希望我们这个庞大的医生朋友团队用科普的力量，在促进健康的道路上与你一路同行。

　　未病早预防，有病遇良方，愿大家都能永葆健康！

2023 年 3 月

前 言

　　心理健康是健康的重要组成部分，是"健康中国"建设的重要内容。党中央一贯高度重视心理健康问题，明确提出加强心理健康服务。进入新的发展阶段，实施心理健康促进，提升心理健康素养，将助力实现"两个一百年"奋斗目标和中华民族伟大复兴的中国梦。了解、识别和管理情绪有助于更好地了解自己，提升健康水平，促进人际和谐，提升公众幸福感，对于个人和社会均具有重要而现实的意义。

　　日常生活中，有人"春风得意马蹄疾"，有人"无可奈何花落去"，有人"江枫渔火对愁眠"，有人"一蓑烟雨任平生"。心想事成，则"白日放歌须纵酒"；事与愿违，则"举杯消愁愁更愁"。临床工作中，儿童与父母等养育者分离，可产生"分离焦虑"，拒绝进入幼儿园；面临中考、高考，考生可能会出现"考试焦虑"，潜能难以发挥；感情受挫，可出现"抑郁情绪"，郁郁寡欢……总之，不论男女老幼，不分贫富贵贱，均会出现各种各样的情绪困扰，轻者长吁短叹，重则悲观绝望，给个人、家庭和社会带来无尽痛苦。自 2020 年新冠疫情以来的 3 年中，焦虑、恐惧、抑郁等情绪迅速蔓延，同时，这些情绪也会促进积极的"创伤后成长"，促使我们反思过往，弥补遗憾，寻找更有意义、更有价值的生活。

正是在此背景下，我们组织编写本书，以帮助大家更好地识别和理解自己及他人的情绪，逐步学习管理情绪，了解相关的诊疗信息。本书内容包括情绪相关的基本概念、常见的情绪反应、情绪识别及调整、心理健康促进、与情绪相关的疾病，以及药物治疗、心理治疗和物理治疗等，希望能够与读者分享相关的知识。

因编写人员学术水平和临床经验仍有较大提升空间，局限与不足之处难免，敬请广大读者朋友批评指正，以期改进我们的工作。

编者

2023 年 3 月

目　录

CONTENTS

❓➧ 1　什么是心境?

心境（mood）是一种比较持久的情绪状态，往往指以同样的态度和体验对待各种事物。良好的心境有助于学习和工作，发挥个人潜力。不良的心境会损害人的积极性，影响日常生活，使人出现各种各样的症状和不适。在临床中，一般将持久的情绪低落或情感高涨称为心境障碍，持续2周以上的情绪低落称为抑郁症，持续4天以上的情感高涨称为轻躁狂或躁狂发作。

❓➧ 2　什么是情感?

情感（affection）是个体对客观事物的态度和体验。目前认为，情感是人类独有的高级心理现象。相对于情绪，情感更加稳定、深刻，主要与社会需要相联系。比如，国恨家仇是一种情感。

❓➧ 3　什么是情绪?

情绪（emotion）同情感的概念类似，是个体对客观事物的态度和伴随的内心体验，由思维、感觉和行为等组成。与情感不同的是，情感与社会需要相关，而情绪与生理需要密切相关。情绪具有冲动性，如喜悦、愤怒。人类在婴儿期，主要采用情绪与周围人交流，用笑容来表达愉悦，以哭闹来表达愤怒。

4 什么是情感反应?

情感反应（affective reaction）是个体对周围事物态度的表达，具有社会属性。金榜题名，"春风得意马蹄疾，一日看尽长安花"，是正常的情感反应。安史之乱，"感时花溅泪，恨别鸟惊心"，也是正常的情感反应。如果祸从天降，反而开怀大笑，就是异常的情感反应，则被称为"情感倒错"。

5 什么是情绪反应?

情绪反应（emotional reaction）是个体面对客观刺激时的内心体验、生理反应和外部表现。内心体验可表现为喜、怒、哀、乐等，生理反应可表现为胸闷、心悸、腹部不适等，外部表现为手舞足蹈、捶胸顿足、呼天抢地等。有时情绪反应与情感反应很难区分，一见钟情属于情绪反应，瞬间产生好感，而长时间的相处产生两情相悦的依恋，就属于情感反应了。

?● 6 情绪的表达方式有哪些?

情绪的表达方式包括生理反应、动作行为和言语表达。生理反应,如长期的不良情绪导致胃部不适、全身疼痛,老年人尤为常见。动作行为,如愤怒时冲动毁物,躁狂时挥霍购物,以及青少年的自伤行为等。言语表达指用语言来描述情绪,喜悦、愤怒时语速快、语调高,悲哀时语速慢、语调低。在心理咨询和心理治疗时,往往鼓励来访者用言语来表达情绪,青少年可采用沙盘游戏、绘画来表达。

?● 7 什么是健康情绪?

目前对于健康情绪,尚无完全一致的定义和标准。健康情绪一般是指情绪反应与周围环境和个人特征协调一致,与周围大部分人的情绪反应类似;具有一定的稳定性,不会大起大落;适度宣泄和控制情绪,不会过分地暴躁攻击或冲动毁物;能够经常保持愉悦,可以从生活中体验到快乐,对生活充满希望,能够理解和接纳负性情绪,并迅速调整。

8 什么是负性情绪？

负性情绪（negative emotion）又称为负面情绪，主要是指客观事物不能满足个体的愿望和需求时产生的情绪，如重大考试前的焦虑、紧张、恐惧，被他人误解导致的愤怒，项目失败的沮丧，亲朋好友患病的悲伤、痛苦等。

9 情绪管理是压制情绪吗？

情绪管理是更好地了解、识别、表达和宣泄情绪，直面和接纳情绪，冷静分析情绪背后的不合理信念并逐步纠正，而不是简单地去压制负性情绪。有的心理流派认为，情绪并没有好坏之分，"人有悲欢离合，月有阴晴圆缺"，各种情绪仅仅是一种现象，也可能是一种信号，提示我们需要对当下做出一些调整。

10 情绪管理可以预防心理疾病吗？

情绪管理与健身运动较为相似。通过科学合理的健身，可以让身体更加健康，减少患病风险和降低患病概率。同时，我们意识到，疾病是多种复杂原因引起的，相关影响因素众多，坚持健身并不会完全避免患病。因此，情绪管理可以帮助我们更好地理解和接纳情绪，避免不合理的决策行为，减少罹患心理疾病的风险，具有一定的预防作用，但并不能完全避免心理疾病的发生。

情绪管理

❓ 11　什么是焦虑？

焦虑（anxiety）是人类的基本情绪之一，指面对重大事件或危险所产生的紧张、不安、忧虑等不愉快的情绪反应，特征是过度的担心。当面对危险情况或者难以预测、难以应付的事件时，适度的焦虑具有积极意义。它可以充分地调动身体各脏器的功能，提高大脑的反应速度和警觉性。时过境迁，焦虑就可能解除。但如果常常无缘无故害怕，感到大祸临头，如家人偶尔晚归，便担心他遭遇车祸、绑架等恶性事件，或者没有依据地担心自己患有无法医治的严重疾病，终日惶惶不安，这种情况我们需要考虑是否存在病理性焦虑。病理性焦虑主要有心理和躯体两方面表现。在心理上可表现为紧张不安、担心害怕，莫名其妙地感觉放心不下；注意力难以集中，容易走神，工作或者学习效率下降；情绪易激惹，烦躁易怒，常因为一些琐事和他人发生争执。在躯体上可表现为坐立不安，来回踱步、搓手；感觉肌肉紧张，放松不下来；肢体震颤，有时候手抖得拿不稳东西等。多数患者会有头晕、口干、胸闷、心悸、胃肠道不适、乏力、出汗、四肢发冷等症状。

❓💛 12　什么是惊恐发作？

惊恐发作（panic attack）是急性的、严重的焦虑发作，表现为骤然出现强烈的恐惧感或严重的躯体不适。患者在发作时可表现为心悸、出汗、肢体颤抖，感到胸闷气短或呼吸不畅，有窒息感，胸痛或胸部不适，恶心或腹部不适，眩晕、站立不稳、虚弱，发冷或发热，有麻木感或刺痛感。患者害怕自己会失控或者"发疯"，害怕自己会"死掉"。严重者可有强烈的濒死感，感觉自己马上就会死亡，往往会拨打120要求到医院急诊进行"抢救"，而入院后不需要特别处理，症状便能够缓解。惊恐发作的患者就诊时常易被误诊为心脏病，如果不及时处理，容易再次发作。

❓💡13 什么是恐惧？

恐惧是人类的本能情绪之一，指对危险的事物或环境出现害怕与回避的现象。它的特点是目标对象非常明确，比如恐惧地铁、电梯、磁共振检查等；而有些焦虑是莫名担心，比如担心会发生什么不好的事情，但又不能描述害怕什么。按程度分的话，轻者表现为内心害怕、提心吊胆；重者表现为惊恐不安、奔跑喊叫，伴有心慌心悸、出汗、口干、头晕等躯体不适症状。恐惧的对象多种多样，有些是对人多拥堵的公共场所或空旷场所感到恐惧，称作场所恐惧；有些是在社交场合，与人接触时面红耳赤、言语不利、内心紧张、想要逃离等，这类情况称作社交恐惧；对尖锐物体、某种动物或自然现象等特殊物体的恐惧称作单纯恐惧；儿童一上学就焦虑不安、头痛腹痛、全身不适，拒绝上学，在家则一切如常，这类情况则称作学校恐惧。患者明知惧怕的对象对自己并无真正威胁，也认为自己的这种恐惧反应极不合理，但遇到相同的情境仍反复出现恐惧情绪和回避行为，难以自制，以致影响其正常活动。

14 情绪低落有哪些表现？

情绪低落指一段时间内持续存在的压抑、郁闷、沮丧的情绪状态。患者感觉心情不愉快，悲观郁闷、忧心忡忡，觉得未来看不到希望，生活失去意义；自我评价过低，觉得自己样样都不行，什么事情都做不好，是他人的累赘、包袱；自卑，觉得自己什么都不如别人，缺乏信心，不愿意去尝试新事物；对喜欢的事物失去兴趣，如原本喜欢打篮球、逛街、看电视等娱乐性活动，现在觉得乏味无趣，得不到愉悦感。患者整日愁眉苦脸，唉声叹气，语声低沉缓慢，动作迟缓，行为减少，不愿与人交往，觉得度日如年，有生不如死之感。严重的情绪低落表现为心情极度不愉快，自责自罪，觉得自己拖累了家人，自己是有罪的，应该受到惩罚，悲观厌世，甚至出现自杀行为；有些患者言语、活动、进食减少，甚至终日躺着不动，面无表情，不说话、不进食，称为"木僵状态"。情绪低落是抑郁症的主要表现，也可见于其他多种精神障碍。

15 情感高涨有哪些表现？

情感高涨指一段时间内情绪持续性增高的现象。患者自我感觉良好，心情特别愉快，无忧无虑，表现为兴高采烈，高谈阔论，表情、动作十分丰富，兴趣爱好广泛，整天忙碌不停。有的表现为夸大自负，自我评价过高，认为自己无所不能，不管什么样的困难都可以轻易解决，易激惹，容易与他人发生争论、冲突。这种情绪具有相当的感染力，能引起周围人的共鸣。有时表现为情绪变化快，谈到伤心处时会痛哭流涕，但随即又恢复如常，甚至喜笑颜开。症状轻重不等，轻者表现为情感活跃，自我感觉良好；严重的狂喜被称为"销魂状态"。

？ 16 什么是愤怒？

当愿望或利益受到限制、阻碍或侵犯而出现的带有反抗和敌意体验的情绪，这就是愤怒。它具有自我保护、自我防御作用，是人类的基本情绪之一。有研究表明，出生3个月的婴儿就已经能产生愤怒的行为反应了，比如没有及时给他喂奶、限制他自由地活动手脚等等，婴儿可能就会气得大哭，表示自己的不满。当我们觉得自己被攻击了或被不公平对待了，都会感到愤怒，特别是弱小的群体遭受攻击就会感到义愤填膺。还有一些其实是对自己的愤怒，懊恼自己犯错，却又不想承认，就会表现出指向他人的愤怒。当我们感受到愤怒时，不要一味地压抑愤怒，而是要学会认识自己愤怒的深层原因，进而用健康的方式恰当地表达内心的愤怒。

？ 17 什么是快乐？

快乐是人类精神上的一种愉悦，是一种心灵上的满足，是由内而外感受到的一种非常舒服的感觉。德国哲学家康德认为："快乐是我们的需求得到了满足。"这需求可以是当下的，也可以是长远的；可以是细小的，也可以磅礴的；可以是琐事，也可以是学习、工作、生活的追求。当我们得到了一件期盼已久的礼物，完成了一项很有难度的工作时，会感到快乐；当我们与相爱的人组成和睦的家庭、养育阳光的孩子时，会感到快乐；当我们有自己热爱的事业，为此奋斗并终有成就时，会感到快乐。就像老一辈科学家们为祖国事业奉献毕生精力，隐姓埋名、艰苦奋斗，当他们看到"蘑菇云"在沙漠深处升腾而起，毕生追求得以实现，那时感到的快乐是真正的大快乐、大满足。

18 什么是悲伤？

悲伤是个体早期出现的情绪之一，指由分离、丧失和失败等引发的负性情绪反应，包含沮丧、失望、气馁、意志消沉、孤独和孤立等情绪体验。悲伤体验可能是轻微的，仅持续数秒，也可能是强烈的，持续数分钟、数小时乃至一生。悲伤在人们的生活中极其容易被体验到，幼年时与父母短暂离别、失去心爱的玩具，长大后结束一段恋情、失去一份工作、亲友去世……它经常与其他情绪，诸如愤怒、恐惧和羞愧交互作用而形成复合情绪。悲伤的时候，痛哭一场可以释放紧张情绪，使心理压力得到缓解；并且要积极调整，纾解心情以重新适应新环境或身体变化。如果悲伤持续存在，会使人感到孤独、失望、无助，甚至会引发抑郁。

喜怒哀乐

19 什么是应激？

应激也称为压力，是指机体面对危险的或者出乎意料的情境时的一种情绪状态。引发应激的因素可以是各种各样的事件，比如与亲友生离死别、意外事故、严重疾病、考试或事业失败等，我们称之为应激源。每个人面对同样的应激事件的反应是不一样的，个体所拥有的身体素质、个性特点、生活经验、应付能力、自我评价和家庭社会环境都在应激反应中起到重要的调节作用，即个体易感素质。一个身体健康、性格开朗、家庭和睦、有稳定工作的人在遇到困境时，心理承受能力相对更强。当个体经认知评价察觉到应激源的威胁后，就会产生应激反应。应激反应一般分为积极和消极两类。积极的应激反应会使个体调动机体的各种力量，集中注意力，积极思考对策；而消极的应激反应则表现为过分地担心、紧张，或情绪激动，或郁郁寡欢，无法沉着冷静地面对。在应激状态下，人体的神经内分泌系统会发生激烈变化，肾上腺素及各腺体分泌增加，身体活力增强，使整个机体处于充分动员状态以应对突发的意外状况，如长期处于应激状态，对人的健康不利。

20 什么是激情？

激情（intense emotion）是一种强烈的、爆发性的、持续时间短促的情绪状态。激情通常是由对个人有重大意义的事件引起的，比如重大事件之后的狂喜、惨遭失败后的绝望、亲人的突然离世引起的极度悲哀、突如其来的危险所带来的极度紧张等。激情状态往往伴随着生理变化和明显的外部行为表现，如盛怒时全身肌肉紧张、双目怒视、怒发冲冠、咬牙切齿、紧握双拳等；狂喜时眉开眼笑、手舞足蹈；极度恐惧、悲痛和愤怒之后，可能导致精神衰竭、晕倒、发呆，甚至出现所谓的激情休克现象，有时表现为过度兴奋、言语紊乱、动作失调。在激情状态下，人往往出现"意识狭窄"现象，即认知活动的范围缩小，理智分析能力受到抑制，自我控制能力减弱，进而使人的行为失去控制，甚至做出一些鲁莽的行为或动作。

21 如何识别情绪？

识别自己情绪的方法有以下几种。

（1）仔细想想，是什么触发了情绪。凡事必有因果，在情绪发生之前，是什么人、什么事件，或是什么样的想法导致了目前的情绪。

（2）在某些情况下，我们会更加敏感，比如工作劳累、失眠、患病、月经期、绝经期等。我们对事情的看法导致了不同的情绪，对这件事的看法是正面的，情绪就是正面的；如果看法是负面的，情绪就是负面的。而很多时候，我们的看法不一定是客观事实，比如发热了就认为自己感染了新型冠状病毒。

（3）明确现在是哪种情绪，是喜悦、愤怒、悲伤、焦虑，还是抑郁。

（4）当情绪发生的时候，有哪些躯体感受，比如焦虑时胸闷心悸、乏力出汗等。

（5）审视一下，在情绪状态下有哪些言语和行为。

22 如何表达情绪？

通常我们表达情绪的方式有以下几种。

（1）表达真实情绪。适当的情绪表达并不意味着盲目地忍让。在现实生活中，你会经常遇到令人失望的事情。压抑自己的情绪是一种不恰当的情绪表达，不利于自己的身心健康。

（2）不卑不亢。如果你在外界受到不公平的待遇，你应该为自己辩护。如果你在提出合理要求的同时做出道歉，会让别人觉得你有愧疚感，从而失去你的尊严，我们应该让自己的内心坚强，必要时，给予对方一些坚决的回击，以保护我们的自尊和权益。

（3）积极暗示。有时你会因为不好意思而不敢拒绝别人，但你会感到委屈和矛盾。这时，你不妨采取积极的暗示，让对方明白，同时又不会伤害到自己。

（4）事先说明你的意图。如果你不愿意做一些事情，请一定要事先说明，因为这通常是有效的。

23 如何宣泄情绪？

一个人总有开心的时候，也有不开心的时候。当自己不开心的时候，如果能够合理地将心里的不痛快及时发泄出来，也可以让自己变得开心起来，可以尝试下面几种方法。

（1）大哭。当心情极度压抑的时候，不妨大声哭出来，号啕大哭可以缓解压力、发泄情绪，哭过之后往往会让人感觉轻松很多。

（2）深呼吸。当自己不开心或是愤怒的时候，也要学会适度地放松自己，深呼吸无疑是放松自己的一种很好的方法，可减轻压力。

（3）唱歌。唱歌也可以有效地缓解压力，起到情绪发泄的作用。当心情不好时，可以约三五好友尽情歌唱，释放出自己的压力。

（4）运动。心情不好时，进行一些有氧运动也是一个很不错的选择，比如跑步、骑车、游泳等。运动可以提高人的精气神，也可以很好地发泄情绪。

（5）实物宣泄。很多人在心情压抑的时候喜欢摔东西，这是一种实物宣泄的方法。但是，不建议摔啤酒瓶、杯子、手机等，这样不但给自己造成物质损失，还有可能会伤害到他人。如果实在想宣泄一下，可以摔不容易破损的东西，比如枕头等。

24 如何进行自我放松训练？

自我放松训练是一种较为有效的调节压力的方法。其中，肌肉放松和想象放松训练较为常用。

（1）肌肉放松。找一个安静的光线合适的房间，尽量不要有其他外在的干扰，解开身上的衣物饰品，如佩戴的口罩、手表、眼镜等。坐在一把舒适的椅子上或靠在沙发上，让四肢舒服地伸展开来，使自己处于一种舒适的状态，心里不要考虑其他的事情。双手自然地放在腿上，掌心向上，慢慢地深吸一口气，同时慢慢地将双手攥成拳头，让自己产生一种紧张感逐渐加强的感觉，然后缓慢而有规律地呼吸，再然后慢慢展开自己攥紧的拳头。这时，手臂会出现一种酸重的感觉。用此类方法，你可以对腿、臀、肩等其他身体部位进行放松。你可以每天进行一到三次这样的训练。

（2）想象放松。首先你需要找一个安静的环境，可以在床上、沙发上或任何你感到舒适的地方。然后，闭上双眼，四肢舒服地伸展开来，伴随着均匀的呼吸，头脑中想象自己现在正处于一个极度舒适的环境，可以是在洁白的云朵上、微风习习的海边或是温暖的阳光下，这个地方只有你一个人可以去，你甚至可以与自然融为一体，此时你的身体慢慢地变得轻松。自然地想象一会儿，你头脑的场景会变得模糊，最后完全消失。当这个场景消失结束后，你可以继续多躺一会儿，再睁开眼睛回到现实生活中。

25 如何学会自我接纳?

一个自我接纳的人，既能接受自己和他人，也不会为自己或他人的缺点所困扰，以及感到内疚与不安。学会自我接纳能使自己坦然地接受现状，包括自己的需要、水平、愿望，同样也能宽容地对待他人的弱点和问题。如何学会自我接纳呢?

（1）要敢于直面自我。在成长的各个阶段,我们往往会不由自主地采用各种防御机制来避免自己受到创伤,这就导致了我们在面对困难时很难做到直面自我。我们需要建立一份可靠安全的亲密关系,解除防御机制,暴露真实的自我,让我们在充满安全感的情况下去面对自己,建立对自我认知的客观评价。

（2）要走出完美主义。当一个人用不切实际的或过高的标准要求自己时,他内心深处隐藏的一个信念,就是他不甘于做一个平凡人、普通人,所以当他没有达到这个标准时,便会陷入自卑而无法自拔。要知道,每个人都有局限和弱点,我们需要做的是爱自己,爱自己的身体,爱自己的一切;要记住,我们需要的是自我接纳,我们不需要变成另一个人。

❓ 26 如何寻求社会支持?

社会支持网络一般由同学、朋友、同事和家人组成。孤独感有时会让人难以忍受,有机会可以和其他人一起喝茶、聊天、聚餐、旅游。当你感觉有压力时,可以找朋友倾诉,这样可以缓解你当下的压力和孤独感。家人也是你很好的倾诉对象，很多人觉得跟家人就应该报喜不报忧，但事实是，家人也非常希望能及时了解你身边都发生了什么事。有些学校和机构设有心理咨询服务点，必要时也可以到这里寻求支持和帮助。

27 如何终止愤怒情绪?

愤怒情绪对自身和他人都会造成很大影响。终止愤怒情绪的方法主要有以下几种。

（1）消遣转移法。生活中，面对不良心境的折磨、负性情绪的刺激，最好的办法是脱离现场，走出去散散步。散步的过程是散心的过程，也是重新认识自我、重新认识导致生气的有关事件的过程。在散步时，你会从自身查找原因，这是负性情绪的冷处理过程。

（2）聊天转移法。其特点是心平气和地谈论，是疏泄法和转移法的并用。你可以找知己、朋友聊，因为他们知晓你的秉性、了解你的为人，不会幸灾乐祸、不会火上浇油，而且能设身处地帮助你、指导你、批评你，能指出你的对与错，你可从中认识自己的不足与过失。

（3）书写法。当一种情绪和感受能被文字准确地描述出来，就相当于深深地"看到"。请准备一些白纸和一支书写流畅的笔，找个安静的空间，给自己5分钟时间，书写起始句从"此刻我感觉……"开始吧。

28　如何改善嫉妒心理？

当人们看到自己不如别人的时候，往往会产生贬损他人的言行，这就是嫉妒心理在作怪。嫉妒心理是有害身心健康的，我们可以尝试以下几种方法来改善。

（1）开阔转移法：指使用能开阔个体心胸的方法以转移注意力，达到调整心态之目的。外出旅游就是一个很好的开阔转移法。不管是单独还是结伴旅游，只要你走出去，看一看祖国的名山大川，思路就会如流水般打开，心胸如大海、蓝天一样宽广，就会以一种"俱往矣"的眼光、博大的胸怀看待旧日的困境，重新安排自己的生活。经常旅游的人，其性格特点是心胸开阔、善于理解别人、善于战胜困难，心态多趋于平静。

（2）升华：指改善不为社会所接受的动机和欲

望，而使之符合社会规范和时代要求。升华是对嫉妒情绪的一种高水平的宣泄，是将消极情绪引导到对人、对己、对社会都有利的方向，把不易直接表现的行为或欲望转化为建设性的活动，将低层次的需要和行为上升到高层次的需要和行为。例如，李某因失恋而痛苦万分，但他没有因此而消沉，而是把注意力转移到学习上，立志做生活的强者，证明自己的能力。

29 如何表达哀伤？

生而为人，不可避免要经历亲朋好友的去世，任何人都会面对死亡带来的创伤体验。任何一种失去都会带来哀伤，我们会变得悲伤、情绪低落，对什么都没有兴趣，想法消极偏激，甚至还有行为失控，这是面对失去的正常反应。如果人们用"你要坚强"来安慰处于哀伤的人，其实是无效的，并没有真正解决问题。哀伤只是被掩盖了，表面看起来"还不错"。所以，当人们面对哀伤的个体时，应该鼓励其充分表达和宣泄，允许和接纳他的悲伤，鼓励他叙述内疚、悔恨、自责、愤怒等情绪，也可以鼓励他哭泣，最好不要说"你太脆弱了，不要哭"，也不要急着提供各种建议。

30 如何与坏情绪相处?

在日常生活中，我们可能会随时随地经历一些我们讨厌的情绪，比如焦虑、抑郁、愤怒等。如果你不懂得对自己的情绪做一番梳理，就很容易陷入坏情绪的陷阱。那么，我们要如何与坏情绪相处呢?

（1）学会认识坏情绪，接受坏情绪。请记住以下几点：坏情绪不是你的敌人；不要抹杀坏情绪，要让它成为你的助力；只要不怕坏情绪，心情就会变得轻松自在。

（2）学会从根源上减少自己的坏情绪。选择适合自己的生活节奏，放慢自己的心态，学会劳逸结合，别让坏情绪乘虚而入；让心情适当地放纵，选择合适的休闲方式；学会利用时间，处理好计划与变化的关系。

（3）学会通过正确的途径释放坏情绪。学会表达自己的坏情绪，而不是放在心里，记住不要让自己生闷气，不要让小脾气积累为坏情绪；要勇敢地释放自己的坏情绪，可以尝试给自己10分钟的垃圾时间，把坏情绪发泄完。也可以请朋友帮忙分担，在好朋友面前尽情宣泄坏情绪，或者将心中的烦闷写出来；给自己积极的自我暗示，战胜消极心态；转移注意力，投入到自己的兴趣爱好中去。

自我调整

❓ 31 如何培养积极情绪？

人们常说，做人要积极向上，不要消极。那么，什么是积极情绪呢？它的范围很广，主要包括喜悦、感激、宁静、兴趣、希望、自豪、激励、敬佩和爱等。这里我们主要说说如何培养积极情绪。

（1）找到积极的意义。例如，我们可以通过帮助他人、珍惜身边人、给自己积极暗示、适当放大自身优点等方法找到积极的人生意义。

（2）学会品味美好，数数自己的福气。每天记录几件高兴或美好的事情，将看似平常的事情当成福气，从众多事情中寻找好的方面。例如，当被好运包围时，有些人会有消极的想法，如"这不会真的发生在我身上"或者"我知道这不会持续太久"。而有些人却能找到品味美好的方式，如与亲人或亲密的朋友分享好消息，让他们参与其中，将积极的事物变得更加积极。

（3）梦想你的未来。为自己构建美好的未来，让自己的生活积极且充满活力。

（4）了解并利用自己的优势，增强自我满足感。每天都有机会做自己擅长的事情的人，更容易积极向上。积极评价自己在工作、生活中的行为，可以增强自我满足感，让我们做事更有信心。

（5）发挥群体的作用。在群体中，大家相互的理解、关爱、信任和鼓励可使人获得积极的动力。

（6）学会享受自然的美好。把适度的时间花在室外活动上，它能让你拓展思维，对更多的事物感觉良好，同时好的天气也能提高人们的积极情绪。

32 如何改善完美主义?

一个追求完美的人,经常会不断地给自己制定高标准,当目标没有实现或标准没有达到时,他就会批评自己,认为自己是失败的,产生自卑的心理,甚至逃避现实。完美主义者虽然知道这样做会让自己不舒服,比如紧张、焦虑等,但往往难以控制。那么,如何克服完美主义呢?

(1)肯定自己的优点。可以经常参加户外活动,结交朋友,帮助他人,培养自信,学会自我鼓励,发现自己的闪光点。

(2)拒绝攀比。要知道"天外有天,人外有人",我们可以积极参与有意义的活动,使自己真正充实起来,避免相互攀比。

(3)改变错误的认识,适当降低目标或标准,承认没有真正的完美,允许自己成为有缺点的人。当我们失败时,要学会宽容自己,重新评价自己,当然也要认可已经取得的一部分成果;也可以把我们的失败经验告诉亲人朋友,或者把我们的心事写进日记,这些都可以缓解难过的心情。

(4)要勇敢地表达自己的担忧,尝试分担。要知道团队的力量远远大于个人，学会找人帮忙。

❓ 33　运动对情绪有哪些好处?

　　适当的运动对心理健康有益，它能缓解抑郁和焦虑等情绪问题，促进智力发展，消除疲劳。体育运动，如跑步、快走、游泳、羽毛球、排球、篮球、足球、骑自行车、登山等，能促进血液循环，帮助消化，使大脑得到充足的氧气和营养物质，改善不良情绪。这些运动应每周坚持 3 ~ 5 天，每次至少 30 分钟。另外，参加体育比赛可以为不良情绪提供一个"排泄口"，把失败变成前进的动力。

运动

34 饮食对情绪有哪些影响?

饮食习惯对健康的方方面面，包括心理健康都十分重要。有些食物能帮助我们改善情绪，如核桃、三文鱼、低脂乳制品、全谷类食物、绿茶、姜黄、黑巧克力、芦笋、牛油果、蓝莓、火鸡等。而另一些食物则能恶化我们的情绪，应避免食用，如蜜糖、火腿、苏打汽水、人造黄油、薯片、面包、花生及加工后的南瓜子等（这里不包括生南瓜子，它可以提高人体内一些重要微量矿物质的含量）。另外，我们的饮食也要均衡，不能挑食。以抑郁症为例，不平衡的饮食习惯会造成营养缺乏，从而加重抑郁情绪，比如缺乏某些脂肪酸、氨基酸、维生素，血糖不稳定，同型半胱氨酸过高等。简单来说，我们可以通过吃鱼类、瘦肉、低脂乳制品、禽类、蛋类、豆类等来改善情绪。避免经常食用那些能使人过度兴奋或情绪低落的食物（如糖），可以食用含有综合碳水化合物的食物（如谷麦类等）。

35 如何帮助婴儿建立安全感?

婴儿期是心理健康的起点，儿童期出现的情绪异常可能起源于婴儿期。而对于婴儿来说，首要任务就是要建立安全感。那么，要如何帮助婴儿建立安全感呢？

（1）增进母爱。婴儿主要通过母亲与外界建立联结，母亲需要给婴儿充分的爱抚和有规律的照顾，给孩子一种稳定的、连续的、一致的正面体验；要强调母乳喂养的重要性，通过哺乳可增加母亲与孩子在视、听、触摸、语言和情感上的沟通，为婴儿建立安全感。反之，如果母亲的角色缺失或被替代，母爱和关注不足，婴儿的安全感就会缺失，孩子就会发展出怀疑的品格。

（2）减轻分离焦虑。婴儿对分离充满焦虑，因为他们无法预测在新的环境中会发生什么且无求助的对象。帮助婴儿减轻分离焦虑，有助于增加婴儿安全感。以下是几种常见的减轻分离焦虑的方法：①玩捉迷藏游戏，让婴儿逐渐适应照顾者的暂时消失，并学会认识到照顾者会再次出现；②在安全的环境下，与婴儿保持适当的距离，观察婴儿的行为；③在必须分离时，给婴儿一两件柔软的玩具或小毯子等，让婴儿将依恋感转移到寄托的物品上，使婴儿适应与照顾者的短暂分离。

? 36 如何应对幼儿无理取闹?

孩子无理取闹、乱发脾气，令很多父母大感头疼，不知如何应对。其实，幼儿的无理取闹多数是为了引起关注。下面我们就来讲讲两种常见的应对方法。

（1）面壁思过法。首先你要尽量看着孩子的眼睛，告诉他不要闹了，不要大声呵斥，但语气要坚决，声音要响亮，然后站在一边看着他大约 15 秒。如果孩子还在闹，你就要告诉他后果："如果你再继续这样做，就去面壁思过。"尽量让孩子自己去面壁思过的地方，不得已可以采取强制手段。如果孩子还是在闹，你可以严肃地告诉他："你越闹，待在这里的时间就会越长。"从孩子变冷静时开始计时，一般 1 岁 1 分钟，5 岁 5 分钟，7 岁 7 分钟，以此类推。在此期间，不要回答他的任何问题。对于 3 岁以上的孩子，在时间到了以后，你可以问他："你知道我为什么让你待在这吗？"你要严肃地告诉他："如果你以后再这样，我会继续让你面壁思过。"结束后，你可以让孩子回到原来发脾气的地方，给他重新做决定的机会。

（2）讲故事。我们可以通过讲故事的方式，慢慢地让孩子记住怎样是正确的。有时候，孩子喜欢重复地听一个故事，重复的次数越多，故事对孩子的影响就越大。孩子可以在故事里找到他崇拜的或想模仿的人，也就愿意改变那些坏习惯，这比你唠叨千百遍更容易被孩子接受。

?●37　如何改善分离焦虑?

经常有家长有这样的烦恼，孩子一离开熟悉的亲人或者熟悉的环境就开始哭闹，他们会极其害怕并回避任何分离的活动。这其实是一种分离焦虑。那么，如何改善分离焦虑呢?

（1）要改变孩子对分离的认识。比如，孩子哭闹着不愿意去上学，该怎么办呢? 首先，我们要肯定孩子的感受，告诉他暂时离开家会让他感到不舒服，爸爸妈妈小时候也经历过。千万不能嘲笑、否定或呵斥孩子，也不能因为孩子哭泣就心疼不已，对孩子上学后的情形自己也感到焦虑。其次，我们可以给孩子一点时间来平复心情，然后帮助他一起想象，在学校里会发生什么开心的事或麻烦的事，应该如何处理等。最后，可以跟孩子做一个有仪式感的道别，郑重地互道"再见"，告诉孩子几点可以放学回家，这样能增加孩子的安全感。

（2）要结合家庭的力量去处理。要知道，孩子的很多感觉和行为往往是从父母身上学到的。因此，我们要反思一下自己，是不是对孩子过度担心和包办，或者几乎不管。一定要为孩子设置恰当的自我空间，适当地让他们自己去决定和承担结果，这样才能让他们在将来更好地适应社会。

38 儿童特别依恋妈妈，拒绝去幼儿园是什么问题？

这种情况分离焦虑的可能性较大。分离焦虑一般起病于童年早期阶段，患者针对与所依恋的人（通常是父母或其他家庭成员及照料者）分别而产生过度焦虑，持续一个月以上，达到严重干扰患者的正常生活、学习和社交活动的程度。例如，初次进入幼儿园、初次离家住校等，均可出现分离焦虑。

39 如何培养儿童的情商？

顾名思义，情商就是情绪智商，它包括认识情绪、管理情绪、自我激励、处理人际关系等方面。那么，如何培养孩子的高情商呢？

（1）言传身教。家长首先要提高自己的情商，给孩子创造一个良好的家庭教育环境，给孩子多一点陪伴，尊重孩子的隐私等。

（2）让孩子正确认识自己，找到自己的闪光点。同时，要让孩子接受自己是不完美的，让孩子在反思中认识自己，但不要随便给孩子贴标签。

（3）培养孩子良好的情绪控制能力。要教孩子认识郁闷、愤怒、焦虑、嫉妒等负面情绪，学会控制情绪，锻炼孩子的忍耐力和自制力，培养过硬的心理素质，如给孩子适当的"挫折教育"，教会孩子为自己加油，要"胜不骄，败不馁"。

（4）培养孩子独立自主的能力。给孩子适当的选择和决定的权利，让孩子更有主见。

（5）鼓励孩子说出自己的想法。家长要适当地放手，让孩子自己的事情自己做，遇到问题要自己先想办法解决，培养孩子的适应能力。

（6）培养孩子的社交能力。让孩子学会分享，学会换位思考，学会与他人合作。告诉孩子尊重他人才能赢得他人的尊重。同时，也要教孩子学会拒绝，别让"不好意思"害了孩子。

（7）培养孩子应对事件的能力。教会孩子理性思考，拒绝意气用事。告诉孩子遇事要谦让，宽容他人等于善待自己，但也要坚持自己的原则，可以通过协商解决问题，当然有时候也需要灵活应变。

（8）培养孩子的好品德。培养诚实守信、乐于助人等优秀品德，在生活的点滴中让孩子学会感恩，坚守正直，做一个有责任心的人。

40　青少年的心理特点有哪些？

青少年处于成人和儿童之间，他们的心理往往是矛盾的，青少年的心理有以下特点。

（1）青少年在心理上认为他们已经是成人了，要求自己在思想和行为上都做到成人能做到的一切，得到相应的尊重和信任。但实际上他们过高地评价了自己的成熟度，他们的认知水平、社会经验、思维方式等都还处于不够成熟的状态。

（2）青少年的情绪更容易波动，容易出现烦恼，产生莫名其妙的消极情绪，常常感到孤独和压抑等。这使得他们一方面常觉得别人不理解自己，不能体会自己的心情，从而将心灵封闭，不愿与他人交流，尤其是对自己的父母和师长；而另一方面，很多烦恼和负面情绪又使他们想找一个能推心置腹交流的对象，渴望得到别人的安慰和了解。

（3）青少年一方面强烈要求摆脱成人监管，渴望独立自主，对父母、老师的教导或命令容易出现各种反抗；但另一方面面对错综复杂的压力，他们又害怕失败和挫折。因此，在精神上他们仍渴望得到成人的支持、理解和保护。

（4）青少年情绪稳定性较差，他们有强烈的自尊心，渴望得到尊重和喜爱，如果获得成功则较容易产生优越感和成就感，但一遇到失败就会有强烈的挫折感，容易抑郁消沉等。

❓ 41 为什么青少年会出现莫名的痛苦？

青少年常常会出现莫名的痛苦，这是为什么呢？

负责识别和表达情绪的是大脑中的杏仁核，其一般在人成长到 15 岁左右才能完全发育成熟。所以，青少年的情绪变化较大，常常无法识别和表达情绪，他们往往会以"极度的痛苦、难受、累"来表示自己的难过。当青少年出现莫名痛苦的时候，不能呵斥和不理解，不要说"小孩子有什么可累的"，而应该耐心地倾听，帮助他们识别这些情绪，如生气、愤怒、委屈、紧张等。还可以问问他们有哪些身体的感受，如胸闷、心悸、腹部不适，等等。也可以让他们用自己的语言来描述这种痛苦，比如"感觉要裂开了""被冰封住了"。帮助识别和命名情绪，有助于青少年理解和表达自己的情绪。

42 如何停止自伤？

自伤行为在青少年群体中较为常见。出现自伤行为常常是为了发泄情绪，有些是好奇跟风，有些是想引起关注。部分青少年的自伤行为较为顽固，大多数成年后会逐渐减少。停止自伤行为有以下方式。

（1）应详细了解到底是什么触发了自伤行为，是学习的压力、家庭的矛盾，还是同学的误解？有没有其他方式可以解决这些矛盾？

（2）转移注意力。当有自伤冲动时，可以尝试转移注意力，比如联系朋友，看电视、书籍、电影，爬楼梯，散步等。

（3）放松训练。紧张时难以放松，同样，放松时也不会紧张。冥想、做瑜伽、深呼吸、正念，这些都有助于放松，从而缓解压力。网上有许多相关的训练视频，可以轻松获取。

（4）宣泄愤怒。有些人自我伤害是为了发泄愤怒。可以尝试通过健身、跑步、摔枕头、击打假人等方式来发泄自己的愤怒。

（5）充分表达情绪。记录情感日记，与信任的朋友、家人或治疗师交谈，痛痛快快地哭泣。

（6）用其他方式的刺激替代自伤。例如，手握冰块、洗冷水澡、用红笔在皮肤上画伤口和缝线、用橡皮筋弹皮肤等。

43　如何应对校园暴力？

校园暴力发生后，家长不可以批评孩子，说："他们为什么就欺负你，不欺负别人？"也不可以忽略孩子，说："都是同学，不要放在心上。"而应该向孩子承认事情很复杂，说："这不是你的错，是对方犯了错误。我们在你这个年龄的时候，可能还不如你。现在事情发生了，我们会站在你这边，帮助你共同处理这些事情。"询问校园暴力的来龙去脉，和学校老师、对方家庭沟通，鼓励孩子表达自己的情绪和感受，选择和制定以后再次发生校园暴力时的求助方式，必要时可以通过法律形式解决。

44 如何应对考前焦虑?

考前焦虑的主要临床表现有紧张、头晕、胸闷、心悸、呼吸困难、口干、尿频、尿急、出汗、震颤和运动性不安等，其紧张担心程度与现实情况很不相称。面对考试，正当的情绪反应应该是关注面临的任务，最大限度地发挥完成任务所需的技能。考前焦虑大多是因为学习压力过大而造成的。个体该如何应对呢?

（1）学会释放压力。适量的运动有利于考生缓解焦虑，比如慢跑、游泳、打球、骑自行车等，这些都是很好的运动方式；也可以做一些感兴趣的事情以转移注意力，如唱歌、听音乐、旅游等，调节心理状态，开放自己的心态；当考生不能调整自己的情绪时，情感宣泄也是缓解压力、保持心理平衡的重要手段。考生可以把紧张、焦虑告诉亲人或朋友，让自己的内心得到调整，或者找一个合适的地方，放声大哭，以宣泄自己情绪。

（2）进行认知调整。坚决杜绝用"完了""我糟糕透了"等消极的语言暗示自己，消除大脑中的错误信息，不要被一两次考试失败或一两科考试失误所吓倒，不要以偏概全，认为自己不行，从而丧失信心；要给自己以强有力的积极的自我暗示，如"我能行""我一定能够成功""我看好我自己"等。纠正认知上的偏差，增强自信。

45 如何应对青春期的心理变化？

青春期是孩子脱离童年走向成熟，开始探索自我、寻找价值的关键时期。青春期的孩子总是憧憬成熟又留恋童年，追求完美又总有缺憾，拒绝灌输又渴望帮助。这样矛盾的心理，使得他们的行为在大人眼里是如此荒唐和无聊，而对孩子来说，意义却十分重大。家长因为不了解孩子，对孩子横加约束，使得家长与孩子矛盾重重，冲突不断升级。面对青春期孩子的变化，父母应该怎么做呢？

（1）我们应该了解青春期孩子的心理需求。孩子进入青春期以后，表面上还是在服装、零食、玩具及文具等方面有所需求，实质的需求却在悄然变化。刚刚进入青春期，追求个性化的孩子较少，更多的是要求自己从众。从众让孩子有安全感，他们渴望融入同学的圈子。随着年龄的增长，熟悉了周围的环境，了解了同学、朋友的个性，孩子开始彰显个性，暗暗地在群体里比高低。这种比较有积极的意义，孩子获得了经验，给自己在群体中定了位。青春期的孩子还有朋友交往的需求。青春期之前，孩子心里依赖的是家长；进入青春期，这种依赖开始转移，先转移到了朋友身上，到青春期后期，又转移到了异性身上。比如，女孩关注帅气高大的男孩，女孩们在一起会对男孩们评头论足，有一些新鲜和刺激的感觉；男孩也注意女孩，也会在一起用调侃的方式谈论某些女孩，有一种淡淡的喜欢。这只是孩子走出家庭的圈子、步入社会认识异性的最初的学习阶段，这是孩子成长的必经之路，是我们没有办法抗拒的。

（2）青春期的孩子要完成的任务是寻找自我，建立自我同一性，也就是找到自己未来想做什么。这既不是来自外部强加的压力，也不是某一个冲动的想法，而是深思熟虑的结果。在亲子相处中，要经常鼓励孩子做决定，允许孩子表达跟大人不一样的观点，让孩子有拒绝的权利、有选择的自由，允许孩子去探索、去尝试、去试错，更重要的是父母给予孩子空间和包容，能够接纳他们的不完美。在这个过程中，需要注意和警惕父母过强的操纵意识，这会让孩子过早地放弃探索和思考，服从父母的权威，从而缺乏独立性。

❓ 46 如何应对网络成瘾？

一直以来，网络成瘾现象都备受社会各界的广泛关注，而之前网络成瘾也一直没有统一的定义和标准。2013 年 5 月，由美国精神病学会发布的第五版《精神疾病诊断与统计手册》首次将北京陶然团队制定的《网络成瘾临床诊断标准》纳入其中。网络成瘾对青少年的危害尤其大，网络上存在着一些暴力信息、色情小说和图片，对于那些缺乏鉴别能力和自控能力的中小学生，他们很容易整天沉溺于网络中，接触有害信息，损害身心健康。另外，整天坐在电脑前会使人的思维模式单调化，在一定的条件下限制人的思维流畅度。网络成瘾的干预需要建立家长、老师、学校三方的联系。首先，需要让患者意识到自身行为的不当之处，建立起对网络的正确认知，逐步减少上网时间，自愿控制自己的不良行为；其次，帮助患者挖掘和发挥自身存在的潜能和优势，帮助其找到成就感，培养兴趣爱好，树立自信心，找到自身在现实社会的价值所在，摆脱网络世界的虚幻；最后，在家庭里面，父母以身作则，适当控制上网时间，起到言传身教的作用。

网络成瘾

47 如何应对学习困难？

学习困难有多方面的表现，如注意力不集中，做事磨蹭、有头无尾，缺乏时间观念和任务感；慵懒、拖沓，学习迁移能力差，易形成习惯性惰性；社会适应技能有缺陷，凡事都要依赖别人；缺乏良好的独立学习习惯与学习方法；动作迟缓，笨手笨脚，身体协调能力不强，书写笨拙、幼稚，或缺少笔画。学习困难的另一种表现是缺乏学习兴趣，对人和事缺乏好奇心；或学习兴趣肤浅、范围狭窄，兴趣不能稳定持久，带有情绪性影响。

家长需要认识到学习困难的五大原因，即智力、注意缺陷多动障碍、读写计算障碍、负面情绪、慢性疾病（如甲亢、癫痫），而不仅仅只是孩子主观上的学不好。有了这样科学的认知，家长就不会说出"为什么别人都学得很好，就你学不好"这样贬低责怪的话语。家长需要调整心态和教养方式，让孩子明白不是他自己不好。家长要和孩子一起面对困难，探讨学习困难的原因，改变能改变的，接受不能改变的，懂得在孩子经历挫败的时候，给予爱和温暖，减少因为家长的无知和不良应对方式，而对孩子造成的二次伤害。

48 如何应对厌学?

厌学就是学生讨厌学习,厌烦到学校上课,甚至拒绝上学。具体表现是学习效率低下,尽管有时候用功了,但效果不佳,并且感到学习非常枯燥、毫无兴趣,花在电视、电脑和其他娱乐上的时间比学习时间多,没有明确的学习目的,不会提前做计划等。家长要经常给孩子成功的体验以提高孩子的学习兴趣,不要强迫孩子。如果家长对孩子的学习逼得太紧,孩子容易变得焦虑、不耐烦,要注意赞美和鼓励。语言赞美会对孩子的学习起到很大的鼓励作用,相反,批评过多会使孩子心情低落,更不爱学习。另外,家长不能只关注孩子的学习,也需要关注孩子的日常生活。比如,家庭关系是否稳定,是否对孩子缺乏关爱,平时在学校和同学、老师的相处情况如何,是否有校园欺凌、孤立等。这些都需要家长详细了解,和学校一起努力,共同营造和谐的学习氛围,以利于孩子学习。

49 如何改善社交焦虑?

社交焦虑是指在与人交往的时候,觉得不舒服、不自然、紧张,甚至恐惧的情绪体验。严重的情形是,社交焦虑患者每天的各种活动，如走路、购物、社会活动，甚至打电话都是对他们很大的挑战。他们不仅与"权威人士"交往困难，与普通人交往也出现障碍。

父母在教育孩子过程中易犯的错误会增加孩子长大以后患社交焦虑的可能性。例如，在孩子的成长过程中，不是无原则地溺爱孩子，就是由着大人的性子任意打骂。成年后对社交焦虑的辨别和确认是有效应对社交焦虑的前提。在不确定的威胁和已知的危胁面前，人们更担心和害怕的是不确定的威胁。已确定的威胁即使再大，由于人们知道该从哪方面入手去应对并防止其扩大，知道该如何采取补救措施把损失降到最低，故能降低人的焦虑，使人产生相对的安全感。因此，对威胁的确认，本身就有减压的作用，对社交焦虑亦然。当我们在约会前或在社交场合中突然感觉心跳加速、气短、胸闷、手脚冰凉、全身发冷或发热，感觉担心、害怕、紧张、烦躁不安，甚至想取消约会或离开社交场合时，这就是社交焦虑的表现了。我们应对社交焦虑迅速加以辨认，然后对自己说"没关系，我就是有点社交焦虑"，或"没关系，这就是社交焦虑，我能应付得了它"，再或者"放松点，这没什么，不过是有点社交焦虑罢了"等。

在辨别并确认自己有一些社交焦虑后，可以对自己的焦虑进行评估。评估自己的紧张、担心、害怕等焦虑情绪与自己实际遇到的人际情境是否匹配，即所在的处境是否值得自己焦虑到当前这个程度。这种评估会使我们发现，我们的情绪通常都做了过度的反应。在对自己的焦虑进行评估以后，可以进行放松，如采用深呼吸放松法，即用鼻子呼吸，首先腹部吸气，慢慢地深深地吸气，吸到不能再吸气时，憋气 2 秒，再把吸进去的气缓缓呼出。注意感觉自己的吸气、呼气，体会"深深地吸进去，慢慢地呼出去"的感觉。重复做这样的呼吸 10 ~ 20 遍，直到焦虑情绪缓解。

50 如何应对产后抑郁?

产后抑郁是指女性于产褥期出现明显的抑郁症状或典型的抑郁发作，发病率在 15% ~ 30%。典型的产后抑郁于产后 6 周内发生，可在 3 ~ 6 个月自行恢复，但严重的也可持续 1 ~ 2 年，再次妊娠则有 20% ~ 30% 的复发率。其临床特征与其他时间的抑郁发作无明显区别，患者最突出的症状是持久的情绪低落，表现为表情阴郁，无精打采、困倦，易流泪和哭泣，常因小事大发脾气。

产妇经历了从怀孕过程中的体形改变、激素水平的变化，生育过程的剧烈疼痛，到生育后激素水平再次剧烈改变及社会角色变化带来的心理压力，这些都可能导致抑郁在照顾孩子的繁杂过程中不经意爆发。产后抑郁是真实存在的。产后抑郁患者首先要学会给自己放假，每天把孩子交给家人一段时间，给自己一个喘息的机会。这段时间里可以一个人在房间静坐、静静思考、沉淀自己，也可以出去运动，或做自己喜欢的事情。其次，要放下控制欲，接纳生活的不完美。产后很多东西都是不完美的，都是无法完全掌控的，比如产后的体形、孩子的哭闹、自身有限的睡眠时间、今后的职场发展等。面对那么多不可控的事件，需要放下心中的控制欲和执念，接受那些不可改变的人和事。最后，亲人的陪伴和支持尤其重要。丈夫可以在下班回到家后积极分担带娃和家务压力，经常做饭和倾听，接纳产妇的不良情绪，给产妇多一点理解和包容。如果症状显著到影响生活，或者产妇存在自杀的想法，建议其停止哺乳并给予其药物等治疗。

51 如何缓解中年危机?

中年危机,也称"灰色中年",一般在 39 ~ 50 岁高发,40 ~ 65 岁的男性的中年危机还被称为"男人四十综合征"。从广义上来讲,中年危机是指人生阶段可能经历的事业、健康、家庭婚姻等各种关卡和危机。

紧张和疲劳是中年人的普遍现象。中年人要学会量力而行,并恰如其分地评估自己的生理和心理承受能力,对岁月的变迁带给自己身体的变化要能够坦然接受。同时要把重心向家庭倾斜,多体验家庭生活的乐趣。另外,工作中的困扰也应及时和家人交流,争取他们的理解及支持。事实表明,家人之间的相互关心和爱护,对人的心理健康十分重要。此外,遇到冲突、挫折和过度的精神压力时,中年人应保持积极向上的乐观情绪,充分认识自我、接受现实的自我,选择适当的目标,寻求良好的方法,既不自卑又不自傲,充满自信地对待一切。

52 如何应对更年期的情绪变化?

更年期又称围绝经期,指女性从性腺功能开始衰退至完全丧失的一个转变时期，通常发生在 45 岁到 55 岁之间，以自主神经系统功能紊乱为主要表现，如潮红潮热、情绪烦躁不安、易激动、失眠、注意力不能集中、记忆力下降等。应对更年期的情绪变化有以下几种方法。

（1）科学地安排生活。保持生活规律，坚持力所能及的体育锻炼，少食动物脂肪，多吃蔬菜水果，避免饮食无节，忌烟酒。为预防骨质疏松，围绝经期和绝经后妇女应坚持体育锻炼，增加日晒时间，摄入足量蛋白质和含钙食物。

（2）坚持力所能及的体力劳动和脑力劳动。坚持劳动可以防止肌肉、组织、关节出现"失用性萎缩"现象。不间断地学习和思考，学习科学及文化新知识，使心胸开阔，可防止大脑发生"废用性萎缩"。

（3）充实生活内容。例如，旅游、烹饪、种花、编织、跳舞等，以获得集体生活的友爱，精神上有所寄托。

（4）注意性格的陶冶。更年期易出现急躁、焦虑、抑郁、好激动等情绪，要善于克制并培养开朗、乐观的性格，善用宽容和忍耐对待不称心的人和事，以保持心情舒畅及心理、精神上的平静状态，有利于顺利度过更年期。

53 如何应对退休综合征？

退休综合征是一种老年期典型的心理社会适应不良的心理疾病，是指离退休的老年人在退休后对环境适应不良而引起的多种心理障碍。退休综合征的心理特征：孤独、空虚和忧郁。原本乐观的人这时候可能变得情绪低落、消沉，时间太多了不晓得如何打发。他们还会因此觉得自己没用，与社会也疏远了。与此同时，身上的病痛也突然增多起来，健康状况像决了堤的河水一样一发不可收拾。老朋友去世了，他们"兔死狐悲"，产生末日来临的恐慌。如何应对退休综合征呢？

（1）子女要经常上门探视。老年人大多孤独寂寞，儿女们多带孙辈上门探视，或是让老年人帮忙做些力所能及的事情，老年人有事情做了，就没空自怨自艾了。

（2）培养业余爱好。老年人以前工作时没时间做自己喜欢的事情，现在有了大把的时间，可以发展年轻时的兴趣爱好，或是上老年大学，和同龄的爱好者在一起，有共同话题。

（3）约好友外出旅游。刚刚退休的老年人身体还很健康，又有富裕时间，完全可以老两口或约好友共同出行，欣赏祖国的大好河山，丰富老年生活。

❓ 54　遇事容易紧张正常吗？

遇事容易紧张，事后逐渐缓解，这是正常的焦虑。焦虑是人类生存过程中发展起来的一种基本情绪，有助于应对威胁。异常的焦虑称为病理性焦虑，刺激和反应不对称，且持续时间长。患者常常有不明原因的提心吊胆、紧张不安，显著的自主神经功能紊乱症状、肌肉紧张及运动性不安，可出现头晕乏力、胸闷心悸、腹部不适、尿频尿急、肌肉跳动、一阵冷一阵热等症状。患者往往能够认识到这些担忧是过度和不恰当的，但不能控制，因此感到难以忍受和痛苦。

❓ 55　每天莫名其妙地担心是焦虑症吗？

如果经常莫名担心，持续时间较长，需要考虑焦虑症的可能。焦虑症可表现为以下三点。

（1）精神性焦虑：过度担心是焦虑症的核心症状，表现为对未来可能发生的、难以预料的某种危险或不幸事件经常担心。部分患者难以明确担心的对象或内容，只是一种提心吊胆、惶恐不安的强烈内心体验；部分患者担心的也许是现实生活中可能将会发生的事情，但其担心、焦虑和烦恼的程度与现实不相称。

（2）躯体性焦虑：表现为运动性不安和肌肉紧张。运动性不安表现为搓手顿足、坐立不安、来回走动、无目的的小动作增多。肌肉紧张表现为主观上一组或多组肌肉不舒服的紧张感，严重时有肌肉酸痛感，有的可出现肢体震颤，甚至语音发颤。

（3）自主神经功能紊乱：表现为心动过速、胸闷气短、头晕头痛、皮肤潮红、出汗或面色苍白、口干、吞咽梗阻感、胃部不适、恶心、腹痛、腹胀、便秘或腹泻、尿频等症状。

❓ 56 总是害怕坐地铁是怎么回事？

这可能是广场恐怖症，是焦虑症的一种，指对在特定场所或情境的恐惧。例如，害怕进入商店、人群或公共场所；害怕磁共振检查；害怕乘火车、地铁、汽车或飞机，害怕独自旅行等。这导致有些人因此完全困于家中。

🔶 57　一见到异性或上司就脸红，不敢对视，也不敢讲话，是焦虑吗?

有人面对异性、上司，或在公众场合发言就会脸红、紧张、口吃，这需要考虑社交恐惧障碍或社交焦虑障碍。这种社交障碍是以在社交场合持续紧张或恐惧，回避社交行为为主要临床表现的一类焦虑恐惧障碍。例如，对一个或多个社交场合（如公共演讲或表演）有一种强烈的恐惧感，不敢与人对视。

社交焦虑

58　反复想"为什么1天是24小时"，明知没有必要，却停不下来是怎么回事？

这是一种强迫思维，表现为反复闯入患者意识领域的、持续存在的思想、观念，对患者来说没有现实意义。患者明知道想这些没有必要，但无法摆脱，为此感到痛苦和焦虑。例如：为什么1加1等于2？世界上先有鸡，还是先有蛋？门到底是关了，还是没关？

59　反复地检查水电、门窗是怎么回事？

这属于强迫行为，指强迫症患者通过反复的行为或动作阻止或降低强迫观念所导致焦虑和痛苦的一种行为或仪式化动作，常常继发于强迫观念。比如，反复检查门窗、煤气是否关好，电源插头是否拔掉，作业是否做对等，严重者检查数十遍仍不放心；反复洗手、洗澡、洗衣服，每天花几小时，手都洗蜕皮了也难以停止；对偶尔碰到的电话号码、汽车牌号要反复背记，或反复不断地数窗格、楼梯、楼层，浪费了大量时间而不能自控。

❓ 60 得了强迫症该怎么办?

得了强迫症不要慌张。首先,要了解强迫症的症状,是属于强迫思维,还是强迫行为。仔细考虑一下,什么情况下会出现强迫症状,当时有哪些情绪和感受,如何应对这些情绪和感受。其次,要逐步地做出改变。冰冻三尺非一日之寒,强迫症背后有一套逻辑思维和行为模式,需要慢慢纠正。最后,暴露和反应预防技术。察觉到强迫症状时,鼓励长时间暴露,不进行强迫行为。比如,碰到脏东西后,先不要洗手,让自己意识到,即使没有洗手也不会有太大的危害,这种焦虑会逐渐消退。如果开始很难做到,可先延长数分钟再洗手,逐步减少洗手的次数。

❓ 61 被人打了之后,有人为什么会性情大变?

一个人遇事突然性情大变可能是急性应激障碍,是指在遭受到急剧的、严重的精神创伤事件后数分钟或数小时内所产生的一过性精神障碍,一般在数天内或一周内缓解,最长不超过一个月。遭受的精神创伤事件主要有以下几个方面:严重的生活事件,如严重的交通事故、亲人突然死亡、婚姻破裂、罹患肿瘤或重大疾病等；重大自然灾害，如遭受特大洪水、地震、火灾、泥石流等严重威胁生命安全和造成财产巨大损失的灾难。

62 总是高兴不起来，对什么事都失去兴趣是怎么回事？

一个人如果每天都高兴不起来，持续 2 周以上，需要考虑抑郁症的可能。抑郁症又称抑郁障碍，核心症状是显著持久的情绪低落、兴趣减退、思维迟缓、注意力不集中、记忆力下降。部分患者存在自伤、自杀行为，部分患者可伴有妄想、幻觉等症状。抑郁症发病率高，危害大，但就诊率和治疗率偏低。

63 为什么有人一阵子不高兴，一阵子又特别开心？

一个人如果反复地不高兴和特别开心交替发作，需要考虑双相情感障碍。双相情感障碍是指既有躁狂或轻躁狂发作，又有抑郁发作的一类心境障碍。一般呈发作性病程，表现为反复的情绪低落和兴奋交替发作，也可以混合方式存在。每次发作症状持续一段时间，对患者的日常生活和社会功能产生不良影响。

❓ 64　家人得了抑郁症，该如何帮助他走出来？

抑郁症患者的家属有责任帮助患者尽早从疾病中恢复。那么，家属可以怎么做呢？首先，要了解抑郁症不仅是有心结或想不开，而是实实在在的一种疾病，理解患者的痛苦，给予鼓励、关爱，陪伴他做喜欢的事情，不要过度地指责和批评。有时候患者可能会对家人产生伤害，患者会说"你们对我都不好"，或者发脾气，出现攻击行为，但这不是他故意这么做，而是疾病的缘故，就像高热的人会说胡话，体温正常后就会恢复。其次，支持患者及时就医，监督患者服药，必要时家属要保管药物，避免患者过量服用。抑郁症患者具有较高的自杀风险，一定要加强警惕，及时寻求帮助。

❓ 65　什么是心理咨询？

心理咨询（psychological counseling）是指心理咨询师运用心理学的方法，与来访者建立良好的关系，不断地深入交流，帮助来访者更好地认识和接纳自己，应对心理困扰，发挥个人潜能，促进个人成长。心理咨询的对象一般是有现实问题或心理困扰的正常人，涵盖人际关系冲突、恋爱婚姻、轻度的不良情绪等方面。

🔹 66 什么是心理治疗？

心理治疗（psychotherapy）是指由经过专业训练的治疗师应用心理学的原则与方法，按照一定的程序和设置，与来访者进行定期交流，在构建良好关系的基础上，使来访者产生心理和行为的变化，促进来访者的人格发展和成熟，改善其相关症状。心理治疗主要是缓解心理症状，主要面向患者群体，比如抑郁症、焦虑症、强迫症等。

心理治疗

❓ 67 心理治疗真的有效吗?

研究发现,心理治疗的有效率为 30% ~ 40%。原则上,心理治疗对任何人都有帮助,尤其是在抑郁症、焦虑症、恐惧症、适应障碍、儿童青少年情绪和行为问题等方面。研究显示,接受心理治疗后,41% 的抑郁症患者明显改善,1/3 的患者在接受心理治疗后可达到临床治愈标准。不同心理疗法的有效率基本相似。

❓ 68 心理咨询和心理治疗该如何选择?

心理咨询和心理治疗都是以谈话为主的干预。

心理咨询一般是处理负性情绪、人际关系、学习就业、恋爱婚姻、子女教育等问题,分为发展咨询和健康咨询。发展咨询包括:(1)孕妇的心理状态、行为活动和生活环境对胎儿的影响;(2)儿童早期智力开发;(3)儿童发展中的心理问题;(4)青春期身心发展的不平衡;(5)社会适应问题;(6)性心理知识咨询;(7)男女社交与早恋等;(8)青年独立性和依赖性的矛盾;(9)友谊与恋爱;(10)成就动机与自我实现性问题;(11)择偶与新婚;(12)人际关系;(13)择业、失业与再就业;(14)中年及更年期人际冲突、情绪失调、工作及家庭负荷的适应；
（15）家庭结构调整；（16）更年期综合征；（17）老
年社会角色再适应；（18）夫妻、两代、祖孙等家庭
关系；（19）身体衰老与心理衰老；等等。健康咨询
包括因某些心理社会刺激而引起心理状态紧张，并明
确体验到躯体或情绪上困扰的问题。

心理治疗的适应证较为广泛，理论上如果本人
同意，任何人都可以进行心理治疗。临床常见的适应
证包括：（1）神经症性、应激相关的及躯体形式障
碍；（2）心境（情感）障碍、抑郁症、双相情感障碍；
（3）伴有生理紊乱及躯体因素的行为综合征，如进
食障碍、睡眠障碍、性功能障碍等；（4）通常起病
于儿童与青少年期的行为与情绪障碍；（5）成人人
格与行为障碍；（6）使用精神活性物质所致的精神
和行为障碍；（7）精神分裂症、分裂型障碍和妄想
性障碍恢复期；（8）心理发育障碍及器质性精神障
碍；等等。

69　心理咨询和心理治疗有没有禁忌证？

并不是所有的疾病都可以进行心理咨询和心理治

疗，愿意配合、有一定文化程度的来访者方可进行。禁忌证主要包括：（1）精神病性障碍急性期患者，伴有兴奋、冲动及其他严重的意识障碍、认知损害和情绪紊乱等症状，不能配合心理治疗，如谵妄、严重的妄想状态。（2）伴有严重躯体疾病的患者，如多器官衰竭，需首先治疗基础疾病，躯体状况好转后才能进行心理治疗。

70 什么样的人更有可能从心理治疗中获益?

以下人群更有可能从心理治疗中获益。

（1）与心理社会因素密切相关的躯体疾病或精神障碍：焦虑症、抑郁症、躯体症状障碍等。

（2）求治动机高：有主动求治能力，充分信任、配合治疗师。

（3）有一定领悟能力：一定的文化程度和领悟能力有助于理解心理学机制，如潜意识理论、认知行为理论、正念训练等都需要一定的文化程度和理解力。

（4）愿意暴露内心体验：部分症状和疾病来源于某些隐私，充分暴露有助于症状的消除，如童年的虐待史、成年的夫妻感情等。在平时，人们往往不愿意向别人吐露这些隐私。

（5）人格可塑性：年轻人可能比老年人更容易获益。相对来说，年轻人更容易做出改变。例如，睡眠的认知行为治疗要求限制卧床时间，年轻人容易做到，老年人往往以"每天睡不着太累，晚睡更累"而拒绝改变。

71 心理治疗的时间是如何设置的？

不同心理治疗流派的时间设置不尽一致。一般而言，心理治疗每周 1 ~ 2 次，每次 30 ~ 50 分钟，共 5 ~ 20 次。短程心理治疗一般控制在 3 个月内，共 8 ~ 10 次，部分心理流派 20 次左右。

72 心理治疗会保密吗？

一般情况下，心理治疗绝对保密。相较于其他治疗，心理治疗会特别注意每一位来访者的信息保密事宜。因为在治疗过程中，会涉及许多来访者的隐私，除非事先得到来访者的同意，不然不可向其他人透露来访者的相关资料。如果来访者愿意分享自己的信息，用于教学案例或科学研究，治疗师也绝对不能透露来访者的姓名、地址等私密信息，仅能以简称标示。

特殊情况下，当治疗师在治疗过程中发现来访者有伤害自己、伤害他人、危及社会公共安全等意图的时候，如强烈的自杀企图、伤害他人企图等，可以不遵守保密协议，以保护来访者和他人。

关于心理治疗的保密原则，在治疗的第一次接待中就会告知来访者，并签订相关协议，以此来保护来访者的权益。

❓ 73　心理治疗讨论的内容有哪些?

心理治疗所讨论的内容涵盖非常广，几乎涉及人们日常生活的所有方面，如职业生涯规划，工作学习、家庭婚姻方面出现的问题，人类成长发展各阶段（儿童、青少年、中老年、更年期等）的心理卫生问题，认知障碍、情绪障碍、社会行为和人际关系障碍，以及心理危机（自伤、自杀、暴力等）的干预等。

❓ 74　心理治疗有没有副作用?

对心理治疗不太了解的人，也许最担心的就是这种治疗有副作用，可能会担心过度暴露创伤经历会导致病情恶化，或担心治疗师诱导症状的产生。其实，任何事物都有其两面性，包括心理治疗。但是，心理治疗的副作用极为少见，如果来访者感到不快，一般会选择退出治疗。少见的副作用可能与治疗师经验不足或治疗方法的不适合有关。比如，反复回忆既往的痛苦经历，但又不能给予合适的处理。心理治疗师督导制度有助于在一定程度上避免心理治疗的副作用。总之，心理治疗的副作用极小，如果感到不合适，可提出更换治疗师。

？ 75　什么是精神分析治疗？

精神分析治疗是弗洛伊德创立的，他认为心理障碍产生的根源在于幼年期心理发育中未能解决的心理矛盾冲突。内心深处压抑了欲望或动机，一般情况下，自我很难意识到这一点，但它并没有消失，而是潜伏着并继续起作用，对人的心理、意识产生影响，通过心理转换机制以神经症症状、梦或失误等形式表现出来。例如，一位患者目睹亲人车祸去世，非常伤心难过，后来出现了头痛不适；一位怀孕的女性梦见"月经"，说明内心有可能并不希望怀孕，或者目前的妊娠带来了诸多不便。精神分析治疗就是把压抑在无意识中的心理矛盾冲突挖掘出来，去掉伪装，使其上升到意识中来，并让来访者对其有所领悟，在现实原则指导下得以纠正或消除，从而改善症状。

❓ 76　什么是移情?

在心理治疗过程中，来访者往往陷入往事回忆，说出许多带有感情的事情，而这些事情大多是和与他们关系密切的人物（如父母、配偶）有关，情感的发泄也是有针对性的（如针对自己的父母）。在会谈中，来访者往往把治疗师当作他发泄的对象，把过去与他人的病态关系转移到与治疗师的关系上，称为移情（transference）。若来访者出现移情，对治疗师表露出特殊的感情，此时如果能得到很好的处理和应用，就有利于咨询或治疗工作的深入。如果出现爱慕、厌恶等移情，则需要及时处理，以免影响治疗关系。

❓ 77　什么是反移情?

反移情是指治疗师对来访者的情感反应。有些情况下，移情与反移情是一致的，比如来访者将治疗师看成是父母，治疗师将来访者看成是子女。有时来访者对治疗师产生恋人般的感情，治疗师可能会感到厌恶并进行纠正。以前认为反移情对治疗有妨碍作用，是不恰当的。目前多数心理学家认为，反移情是不可避免的，正是由于治疗师对来访者投入了感情，才能充分理解来访者，让来访者感到被尊重和理解，这有助于治疗。同时，我们坚决反对利用移情获取不正当利益，如诱导来访者提供钱财、骗取来访者的情感等。

78 什么是支持性心理治疗？

支持性心理治疗应用较为广泛，通常采用保证、鼓励、建议等方式，让来访者感到被倾听、理解、宽慰。治疗师的目的是维护或提升来访者的自尊感，尽可能减少症状的反复发生，以及最大限度地提高来访者的适应能力。来访者的目的则是在其先天的人格、天赋与生活环境基础上保持或重建有可能达到的最高水平。比如，来访者说："亲戚去世了，我非常难过，但是一点眼泪也没有，是不是说明我比较冷血。"治疗师说："这也非常常见，是一种正常的悲伤反应，但在某个特殊的时刻可能又会有流泪，触景生情。不流泪不代表你冷血。"

❓ 79 什么是情绪的 ABC 理论？

情绪的 ABC 理论是美国心理学家艾利斯创建的理论。他认为激发事件（activating event，A）只是引发情绪后果（consequence，C）的间接原因，而引起 C 的直接原因是个体对激发事件 A 的评价而产生的信念（belief，B）。正是不合理的信念导致了不良的情绪。我们对同样的事情，可能存在不同的看法，不同的看法导致了不同的情绪，事情本身并没有直接导致情绪的产生。不合理的信念和看法包括很多种。

（1）过分概括的评价，比如"迟到是绝对不可接受的"。如果你有这样的信念，别人迟到的话你会非常生气。

（2）绝对化的要求，比如"我对别人好，别人就应该对我好"。但凡别人没有达到你的这个期望，你就会非常难过。

（3）灾难化，比如"这次没考好，一切都完了""胸闷心悸，急性心梗发作了"。

80 什么是家庭治疗?

个体的咨询主要是来访者和治疗师一对一的治疗。家庭治疗以系统化为原则，认为来访者的问题是家庭出了问题，比如青少年的行为不良，可能是因为父母企图离婚。因此，家庭治疗以家庭为干预单位，干预对象扩大到所有家庭成员，通过改变家庭内部的互动方式来解决来访者的问题。家庭治疗注重的是家庭成员间的相互关系、生活中需要改善的相处问题，通过改变家庭内的整个系统，从而处理和消除症状。所以进行家庭治疗时，需要家庭成员一起参与。

家庭治疗

家庭治疗的适应证有：（1）家庭成员有冲突，经过其他治疗无效。（2）问题在其中一个人身上，但反映的是家庭系统问题。（3）家庭对于患者的忽视，或过分焦虑。（4）在个体治疗中不能处理的个人冲突。（5）家庭在个体治疗中起到了阻碍作用。（6）家庭中有青春期叛逆的成员。（7）家庭中其中一人与另外一人相处有问题。（8）进食障碍、学习问题、情绪-行为问题、独立-依赖问题等。

❓ 81　什么是森田疗法？

森田疗法是日本著名心理学家森田正马创立的。森田正马本人就是一个饱受不良情绪折磨的患者，后来结合自身的体验，提出了森田疗法。他认为，当人紧张时，会更加关注身体的不适（如胸闷心悸），越关注越痛苦，症状越明显，形成恶性循环，这种现象称为"精神交互作用"。森田疗法的治疗原则是"顺其自然，为所当为"。只要坦然地面对和接受，不管情绪是好是坏，继续进行正常的工作和生活，症状自然就会减轻。想法仅仅是想法，只有行动才能改变，要以行动为本，在症状存在的同时以建设性的态度去追求自己的生活目标。森田疗法对心身疾病、抑郁症、焦虑症、自主神经功能紊乱等有较好效果。

82 什么是催眠治疗?

催眠治疗是运用暗示的方法,使来访者进入一种特殊的意识状态,这种意识状态介于清醒和睡眠之间,从而消除症状。有人认为,全神贯注的状态就类似于一种催眠状态。比如,认真看了 2 小时的电影,沉浸在音乐中"三月不知肉味",等等。人群中,10% ~ 15% 的人容易被催眠,20% 的人不容易被催眠。催眠治疗广泛适用于强迫症、焦虑症、抑郁症、慢性疼痛、失眠、心身疾病等,对改善学习成绩、运动成绩等也有帮助。

83 什么是正念治疗?

正念来源于佛教,美国的卡巴金博士将正念引入心理学领域,发展出正念治疗。正念的核心在于:注意力集中于当下,对当下的所有观念均不做评价。常用的技术包括静坐冥想、身体扫描等。比如三分钟呼吸空间,端坐后闭上双眼,体验此时此刻的想法、情绪、感觉,逐渐将注意力集中到呼吸上,注意腹部的起伏,围绕呼吸,将身体作为一个整体去觉知。快速地做一次身体扫描,注意身体的感觉,将注意力停留在异样的感觉上，进行命名或标记。在日常生活中，通过正念训练学习，对减轻压力、改善人际关系和提高效率都有一定帮助。

❓ 84 什么是辩证行为疗法?

辩证行为疗法是由美国心理学家莱恩汉提出的一种心理治疗方法。他根据传统的认知行为疗法，结合了东方禅学的辩证思想，强调在"改变"和"接受"之间寻找平衡。来访者可以通过掌握科学有效的方法，并通过大量的练习来调节自己的情绪，进行自我完善，减轻痛苦。来访者要接受事实、活在当下，面对已经发生的事情，不与它对抗、不冲它发火，更不去试图改变它本来的面目。比如，因慢性肠炎而休学，就要接受患病的事实，先把疾病治疗好，才能更好地学习。如果每天担心得病后学习跟不上，就会焦虑紧张，肠炎也很难好转。辩证行为疗法的技巧训练内容包括正念技巧、情绪调节技巧、人际效能技巧及承受痛苦技巧。辩证行为疗法最初用于有自杀倾向的边缘型人格障碍患者的治疗，后来扩展到多种疾病的治疗，尤其是针对非自杀性自伤行为，具有一定的效果。

85 得了焦虑症和抑郁症一定要用药吗?

是否需要用药需要根据病情判断。焦虑症、抑郁症可以分为轻度、中度和重度。如果是轻度,可以尝试自我调整,进行放松训练、物理治疗,或者心理干预,不一定要使用药物。如果达到中度或者重度,痛苦感明显,严重影响了生活、学习和工作等,或者存在伤害自己或伤害他人的风险或行为,如频繁地自伤或消极言行,建议尽早使用药物治疗。

86 常用的抗抑郁药物有哪些?

临床上常用的抗抑郁药物包括:(1)选择性5-羟色胺再摄取抑制剂(SSRI),代表药物有帕罗西汀、舍曲林、西酞普兰、艾司西酞普兰、氟西汀、氟伏沙明等。(2)5-羟色胺和去甲肾上腺素再摄取抑制剂(SNRI),代表药物有文拉法辛、度洛西汀。(3)去甲肾上腺素和特异性5-羟色胺再摄取抑制剂(NASSA),代表药物为米氮平。(4)褪黑素受体拮抗剂,代表药物为阿戈美拉汀。

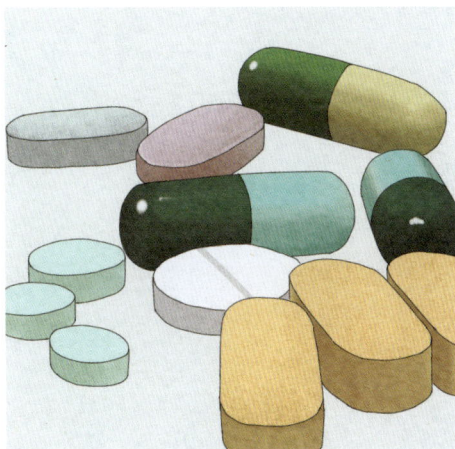

抗抑郁药物

87 常用的抗焦虑药物有哪些?

临床上常用的抗焦虑药物包括:(1)苯二氮䓬类,代表药物是安定(地西泮)、佳乐安定(阿普唑仑)、氯硝安定(氯硝西泮)、舒乐安定(艾司唑仑)、劳拉西泮等。(2)非苯二氮䓬类的药物,代表药物是丁螺环酮、坦度螺酮。(3)抗抑郁药物也有明显的抗焦虑作用,如前面提到的 SSRI 及 SNRI 类抗抑郁药物等。

？88 改善情绪的药物有没有激素？

抗抑郁、焦虑药物中没有激素成分。抗抑郁药物虽然种类众多，作用机制不同，但本质都是调节脑内神经递质或单胺递质，主要作用于5-羟色胺，部分药物可能作用于多巴胺或去甲肾上腺素等脑内单胺类的神经递质。药物可使神经递质的分泌被再摄取或者吸收，对整个过程进行调控、调节，不会对人体的主要激素水平产生影响。

？89 服用抗抑郁药物会不会上瘾？

目前常用的抗抑郁药物不具有成瘾性，一般无须担心。部分药物长期使用后撤药困难，如黛力新（氟哌噻吨美利曲辛片）、苯二氮䓬类的抗焦虑药物具有一定的成瘾性，长期大量使用之后有可能会出现成瘾的问题，临床中一般用量较小，多数可以逐渐停用。

？90 服用抗抑郁药物会不会发胖？

抗抑郁药物导致的肥胖并不常见。多数抑郁症和焦虑症患者食欲下降，进而体重下降，情绪改善后，食欲增加，睡眠好转，同时运动少，可能在服药期间出现体重增加。米氮平具有增加食欲的作用，部分患者使用后体重增加明显，但因人而异。另外，抗精神病药物如奥氮平、氯氮平、利培酮等，引起体重增加较为常见，需注意监测。

❓ 91　抗抑郁药物会导致老年痴呆吗?

情感障碍可引起认知功能减退，尤其是老年抑郁症患者，有时可出现类似痴呆的表现。通过抗抑郁药物治疗，情绪改善，认知功能会有所恢复，如伏硫西汀具有改善认知功能的作用。某些抗精神病药物如奥氮平、氟哌啶醇等，有时可引起定向力障碍、计算能力减退。另外，抗焦虑药如安定（地西泮）等，老年人常用来改善睡眠，经常服用可能导致记忆力减退等不良反应，但是否导致痴呆，目前尚无确切证据。

❓ 92　抗抑郁、焦虑药物常见的副作用有哪些?

抗抑郁药物常见的副作用有头晕、头痛、恶心、食欲不振、胃肠功能紊乱、震颤、失眠、激越、性功能障碍等。在起初服用时，胃肠道反应较为常见，多表现为恶心、食欲下降，一般 4 ~ 7 天后逐渐耐受，可以小剂量起始，逐渐加量，以增加对副作用的耐受。

❓93 抗抑郁、焦虑药物能不能突然停药？

长期服用抗抑郁、焦虑药物不能突然停药，应该根据病情、治疗周期，在医生指导下缓慢减量至停用。疗程不足、骤然停药，体内血药浓度突然下降，易引起撤药反应，同时可能导致病情波动，症状反复。

❓94 抗抑郁药物需要服用多久？

抗抑郁药物治疗的周期取决于症状的改善程度，个体差异较大。一般而言，首次抑郁发作，抗抑郁药物逐渐加量，至病情稳定，情绪改善，再巩固至少 6 个月，逐渐减少药物剂量，总疗程至少 1 年。如果减药后病情波动，需加回原来剂量，稳定后再小剂量减少。抑郁症比较容易反复，尤其是病程多年、消极风险较大的患者，建议尽量长期服用。

❓95 服用抗抑郁、焦虑等药物期间有哪些注意事项？

服用抗抑郁、焦虑等药物应注意：（1）规律服药，定期门诊随诊。（2）定期复查血常规、肝肾功能、血糖、心电图等。（3）如有嗜睡现象，避免驾驶车辆及进行危险操作。（4）加强监护，避免自伤、自杀等伤害行为；家属妥善保管药物，避免过量服用，尤其是青少年患者。（5）规律作息，定时卧、起，适度运动。（6）禁忌咖啡、浓茶、酒精、功能性饮料等。

❓ 96　可以通过抽烟和饮酒缓解情绪吗?

烟草和酒精同毒品一样，属于成瘾性物质。抽烟和饮酒虽可以暂时让人感到愉悦、轻松，但效果消失后，会更加低落、紧张、失眠，渴望获得更多的烟草、酒精，以维持快感，久而久之导致成瘾，并对大脑和身体产生一系列的损害，神经、消化道、肺、肝等重要器官都会受到损伤，使用后明显弊大于利，导致情绪更加糟糕。因此，不建议使用。

❓ 97　什么是重复经颅磁刺激治疗?

重复经颅磁刺激技术是一种在大脑特定部位给予刺激的新技术，主要是通过磁场刺激大脑的特定区域，影响脑内代谢和神经电活动，引起一系列的生理生化反应，是一种无创的物理治疗手段。

其适应证包括：（1）精神心理科，如抑郁症、精神分裂症、失眠、强迫症、躁狂症、焦虑症、创伤后应激障碍。（2）神经康复科，如帕金森病、癫痫、神经性疼痛、神经性耳鸣、脑卒中、脊髓损伤及并发症、外周神经损伤、阿尔茨海默病、肌张力障碍、性功能障碍。（3）儿科，如脑瘫、孤独症、癫痫、注意力缺陷多动症（ADHD）、多动性抽动症。（4）戒瘾，如戒网瘾、戒毒、戒烟、戒酒。

其禁忌证包括青光眼、高血压不稳定期、佩戴心脏起搏器或者安装心脏支架、头颅颈部内有金属植入者或异物、电子耳蜗植入、严重的心肝肾等躯体疾病、酒精药物依赖、活动性脑出血、癫痫病史。

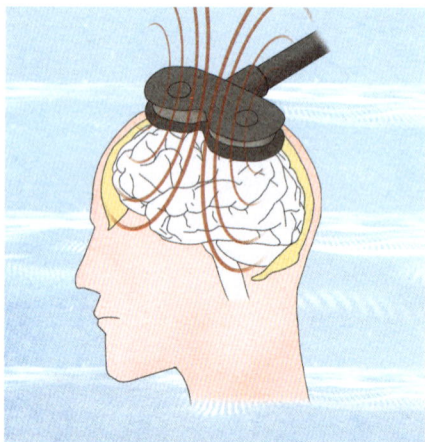

重复经颅磁刺激

98 什么是脑深部刺激术?

脑深部刺激术是利用立体定位技术，通过手术在大脑的深部埋置刺激电极，直接将电刺激施加在与疾病相关的脑区。利用脑外的控制器，调整刺激的强度、波宽、频率等参数，从而达到治疗的目的，具有微创、可调节和可逆性等优点。

其适应证包括强迫症、抑郁症、阿尔茨海默病、物质成瘾等。

其禁忌证包括明显认知障碍、脑损伤、严重脑萎缩、凝血功能障碍、高血压不稳定期。

99 什么是经颅直流电刺激?

经颅直流电刺激模式是临床上最常用的治疗，通过直流电刺激大脑，改变皮质兴奋性、增加突触可塑性、影响皮质兴奋或抑制平衡、改变局部脑血流、调节局部皮质和脑网联系，从而调节大脑功能。

其适应证包括：（1）精神心理科，如抑郁症、精神分裂症、失眠、焦虑、强迫症、创伤后应激障碍。（2）神经康复科，如神经性疼痛、帕金森病、脑卒中、失语、多发性硬化、癫痫、阿尔茨海默病、耳鸣。（3）儿童青少年科，如脑瘫、孤独症、多动症。（4）戒瘾，如戒毒、戒烟、戒酒。

其禁忌证包括颅内有金属植入器件，大面积脑梗死或脑出血急性期，刺激区域有痛觉过敏、损伤或炎症，体内有金属植入器件（如心脏起搏器、脊柱内固定等）。

100　什么是光照治疗？

光照治疗是利用一定强度的光照射来改善睡眠觉醒节律、情绪的一种治疗方法。在北欧，抑郁的发生可能与光照时间较短有关。清晨的光照治疗可以将入睡时间前移，而黄昏的光照治疗会将入睡时间后移，此外光照治疗也有改善入睡困难、延长睡眠时间及提高睡眠效率的效果。光照治疗的作用机制主要是抑制褪黑素分泌，对睡眠节律紊乱和季节性抑郁的效果较好。光照治疗的使用是比较安全的，少数人照射后可能会有头痛或者焦虑感觉，但这些情形在调整治疗强度后一般会改善。

参考文献

[1] 芭芭拉·弗雷德里克森.积极情绪的力量 [M].王珺,译.阳志平,审校.北京:中国纺织出版社,2021.

[2] 海波.别让坏情绪害了你 [M].北京:中国纺织出版社,2017.

[3] 郝伟,陆林.精神病学 [M].8 版.北京:人民卫生出版社,2018.

[4] 李洪伟,戴俊.运动对我国大学生焦虑情绪影响的 meta 分析 [J].体育科技文献通报,2022,30(2):193-197.

[5] 陆林.沈渔邨精神病学 [M].6 版.北京:人民卫生出版社,2017.

[6] 罗兹·沙夫曼,莎拉·伊根,特蕾西·韦德.克服完美主义 [M].徐正威,译.上海:上海社会科学院出版社,2018.

[7] 彭清清.儿童情商提升训练 [M].北京:中国纺织出版社,2019.

[8] 托德老师.超实用儿童心理学:儿童心理和行为背后的真相 [M].北京:机械工业出版社,2019.

[9] 王志红,雄伟.浅谈青少年的心理特征与心理健康教育 [J].山东省农业管理干部学院学报,2002,99(3):99-100,23.

[10] 姚树桥,杨艳杰.医学心理学 [M].7 版.北京:人民卫生出版社,2018.